Syed Ali Fathima K. Mohamed
Umamaheswari Sivaprakasam
Madhiyazhagan Pari

# Rastreio fitoquímico de Punica Granatum para controlo do vetor Aedes Sp

Syed Ali Fathima K. Mohamed
Umamaheswari Sivaprakasam
Madhiyazhagan Pari

# Rastreio fitoquímico de Punica Granatum para controlo do vetor Aedes Sp

ScienciaScripts

**Imprint**
Any brand names and product names mentioned in this book are subject to trademark, brand or patent protection and are trademarks or registered trademarks of their respective holders. The use of brand names, product names, common names, trade names, product descriptions etc. even without a particular marking in this work is in no way to be construed to mean that such names may be regarded as unrestricted in respect of trademark and brand protection legislation and could thus be used by anyone.

Cover image: www.ingimage.com

This book is a translation from the original published under ISBN 978-620-2-06395-1.

Publisher:
Sciencia Scripts
is a trademark of
Dodo Books Indian Ocean Ltd. and OmniScriptum S.R.L publishing group

120 High Road, East Finchley, London, N2 9ED, United Kingdom
Str. Armeneasca 28/1, office 1, Chisinau MD-2012, Republic of Moldova, Europe
Printed at: see last page
**ISBN: 978-620-7-79376-1**

# Capítulo 1 INTRODUÇÃO

O mosquito da febre amarela, *Aedes aegypti* (Linnaeus), tem sido uma praga nos Estados Unidos durante séculos. É originário de África e foi muito provavelmente trazido para o Novo Mundo nos navios dos exploradores e colonizadores europeus (Nelson, 1986). Como o nome sugere, *o Aedes aegypti é o* principal vetor da febre-amarela, uma doença que se encontra disseminada na América do Sul tropical e em África e é comum nas regiões temperadas durante os meses de verão. Durante a Guerra Hispano-Americana, as tropas norte-americanas sofreram mais baixas devido à febre-amarela transmitida pelo *Aedes aegypti* do que devido ao fogo inimigo (Tabachnick, 1991). O mosquito da febre amarela era um vetor comum na Florida até à invasão do mosquito tigre asiático, Aedes albopictus (Skuse). Desde a introdução do mosquito tigre asiático no Texas em 1985, a população de *Aedes aegypti* na Flórida diminuiu drasticamente, mas ainda prospera nas áreas urbanas do sul da Flórida. As larvas do Aedes albopictus competem com as larvas do *Aedes aegypti* pela alimentação e desenvolvem-se mais rapidamente (Barrera, 1996). Alguns estudos também sugerem que a hibridação das duas espécies ocorre em áreas onde elas se sobrepõem, produzindo descendentes estéreis (Harper e Paulson 1994).

As doenças transmitidas por vectores são doenças infecciosas que são transmitidas por organismos como insectos, caracóis e roedores. Estas doenças representam um pesado fardo para as pessoas, as suas famílias e as comunidades dos países em desenvolvimento. Os mosquitos transmitem mais doenças do que qualquer outro grupo de artrópodes e, segundo consta, afectam milhões de pessoas em todo o mundo. (Ghosh *et. al.*, 2012) A OMS declarou o mosquito "inimigo público número um" porque é o principal vetor de muitas doenças transmitidas por vectores que afectam os seres humanos e outros animais. Os mosquitos constituem um importante problema de saúde pública, uma vez que são vectores de doenças humanas graves. Compreendem aproximadamente 3.500 espécies de mosquitos agrupados em 41 géneros e ocorrem fora das regiões tropicais e subtropicais do mundo às quais estão classicamente associados (Hag *et. al.,* 1999). Várias espécies pertencem aos géneros. *Aedes, Anopheles, Aedes* e *Culex são* vectores dos agentes causadores de várias doenças como a malária, febre amarela, dengue, chikungunya e nilo veste, encefalite japonesa e filariose (White, 2004). Cerca de 3,5 mil milhões de pessoas vivem em países onde a dengue é endémica, localizados nas regiões tropicais e subtropicais do mundo (OMS 2011). As fêmeas dos mosquitos sugam o sangue dos vertebrados para obter o alimento necessário para a postura dos ovos, que por sua vez injectam os agentes patogénicos no animal hospedeiro (Reiter, 2001). Muitos mosquitos alimentam-se de forma altamente selectiva, limitando-se a uma ou poucas espécies estreitamente relacionadas, mas alguns podem alimentar-se de forma menos restritiva de mamíferos, aves e répteis. Os mosquitos que se alimentam regularmente de seres humanos e de agentes patogénicos podem passar por uma fase de ciclo de vida obrigatório e reproduzir-se nas glândulas salivares do mosquito, o que os torna importantes vectores de doenças humanas.

Os mosquitos são insectos de duas asas e moscas sugadoras de sangue que são prejudiciais aos seres humanos. Os mosquitos sobreviveram na Terra durante milhões de anos. Como importantes vectores de várias doenças, sempre dificultaram a vida dos seres humanos. Existem cerca de 3500 espécies de mosquitos que ocorrem em regiões tropicais e subtropicais (Ghosh *et. al.*, 2011).

Os mosquitos continuam a ser os vectores mais importantes para a transmissão de doenças humanas e animais em todo o mundo e continuam a ser um incómodo significativo mesmo após esforços maciços de erradicação ou controlo (Mittal e Subbarao, 2003). Os mosquitos continuam a ser vectores importantes, disseminando uma série de agentes patogénicos humanos e zoonóticos que infectam hospedeiros humanos e animais (Mulla e Su, 1993). Transmitem doenças como a malária (*Anopheles*), a filariose (*Culex*) e a febre de dengue (*Aedes aegypti),* que causam milhões de mortes todos os anos, tornando-os o grupo de insectos mais importante em termos de saúde pública (Bernhard *et al.*, 2003).

Os mosquitos actuam como vectores de muitas doenças virais, bacterianas e protozoárias (Kalita *et. al.*, 2003). Em termos de transmissão de doenças e de importância para a saúde pública, os mosquitos são considerados um grupo de insectos muito importante. Mais de 3.000 espécies diferentes de mosquitos foram identificadas como vectores da propagação de doenças graves que ameaçam a vida em todo o mundo (Darsie *et. al.*, 2002).

De acordo com o programa de saúde do Serviço Mundial da BBC, o mosquito é considerado o animal mais perigoso do mundo

(Mendki *et. al.,* 2015). A Organização Mundial de Saúde (OMS) declarou que os mosquitos são o inimigo número um dos seres humanos e estima que 50 a 100 milhões de pessoas são atualmente afectadas por doenças transmitidas por mosquitos. Mais de 2,5 mil milhões de pessoas, ou seja, 40% da população mundial, estão atualmente em risco de contrair dengue. Atualmente, a OMS calcula que poderão ocorrer entre 50 e 100 milhões de infecções por dengue em todo o mundo todos os anos (Organização Mundial de Saúde, 2012). De acordo com o relatório da OMS de 2009, dois quintos da população mundial estão em risco de infeção por dengue (http://www.who.int/en/index.html) e, em 2010, foram notificados 28 292 casos de infeção e 108 mortes por dengue na Índia (Programa Nacional de Controlo de Doenças Transmitidas por Vectores (NVBDCP 2011).

A população de mosquitos está a aumentar exponencialmente, o que constitui um grande problema para muitos países, uma vez que os mosquitos propagam várias doenças, como a filária, a encefalite japonesa, a doença de Lyme, a febre amarela, a encefalite, a malária, a chikungunya, a dengue e a poliartrite epidémica (Kamareddine 2012).

Os vírus da dengue são transmitidos pelos mosquitos *Aedes* aegypti, que se encontram principalmente nas regiões tropicais e subtropicais. Nos países tropicais e subtropicais, as doenças transmitidas por mosquitos são o principal problema (Kalita *et. al.,* 2013). A principal causa de chikungunya e dengue é o *Aedes aegypti,* que actua como vetor de doenças e afecta 2,5 milhões de pessoas todos os anos (Mendki *et. al.,* 2015). Todos os anos, 200 a 450 milhões de infecções são causadas pelo mosquito Anopheles em todo o mundo, resultando em 2,7 milhões de mortes. *O Aedes aegypti* é um portador do vírus da febre do dengue (DENV), que causa a febre do dengue, a febre chikungunya e a febre hemorrágica do dengue (Yang 2009).

Para evitar as doenças transmitidas por mosquitos, o seu habitat larvar deve ser erradicado por meios biológicos ou não biológicos (Knight *et al.,* 2004). Vários métodos, incluindo a utilização de pesticidas químicos (DDT, dieldrina, organofosforados, fenitotião e propoxur), têm sido amplamente utilizados na Índia para mitigar este perigoso problema (Zhang *et. al.,* 2012). No entanto, os pesticidas químicos sintéticos são mais prejudiciais para o ambiente, a vida humana e outros organismos não visados, uma vez que não são facilmente degradáveis (Brown 1986). O número de pesticidas que podem ser utilizados para controlar os mosquitos tem sido restringido pelas agências de proteção ambiental devido à sua natureza perigosa, e apenas alguns adulticidas têm sido utilizados no terreno para controlar a reprodução dos mosquitos (Collins e Blackwell, 2000).

A Organização Mundial de Saúde (OMS) tomou medidas para combater a malária com a ajuda de redes tratadas com inseticida e o desenvolvimento de agentes larvicidas. Com a utilização regular destes insecticidas convencionais, os mosquitos desenvolveram resistência. Para encontrar um método de controlo larvicida mais eficaz e amigo do ambiente, estão a ser testadas moléculas de origem vegetal quanto ao seu efeito larvicida. Uma abordagem alternativa ao controlo dos mosquitos é a utilização de produtos naturais de origem vegetal. Muitos produtos à base de plantas são utilizados para controlar os mosquitos ou proteger contra as picadas de mosquitos devido às suas propriedades insecticidas/repelentes.

A romã (*Punica granatum*) é um dos frutos mais antigos e é originária do Irão até aos Himalaias no norte da Índia e é cultivada em toda a região mediterrânica na Ásia, África e Europa. No hemisfério norte, o início do outono, em outubro e novembro, é a época alta das romãs, mas estas estão normalmente disponíveis até ao início do inverno. A romã é também uma boa fonte de muitas vitaminas essenciais do complexo B, como o ácido pantoténico (vitamina B-5), o ácido fólico, a piridoxina e a vitamina K, bem como de minerais como o cálcio, o cobre, o potássio e o manganésio. A pele da romã é rica em propriedades antioxidantes, antivirais, anticancerígenas e antitumorais, e estes antioxidantes são altamente capazes de proteger o colesterol LDL (lipoproteína de baixa densidade) da oxidação e reduzir o risco de cancro e de doenças cardíacas. A romã está a atrair a atenção devido às suas aparentes propriedades cicatrizantes e efeitos imunomoduladores. A romã é rica em vitamina C e demonstrou ser rica em antioxidantes, existindo provas preliminares de que pode ajudar a prevenir o cancro da próstata. Os extractos de casca de romã (PSA) foram utilizados para determinar a sua capacidade antioxidante através da formação de um complexo de fosfomolibdénio e a sua antimutagenicidade contra a mutagenicidade da azida de sódio.

Nos últimos anos, tem havido um interesse renovado nos

produtos à base de plantas, uma vez que se desenvolveram resistências cruzadas e riscos potenciais de toxicidade nos insecticidas sintéticos e os custos aumentaram. O neem, por exemplo, contém vários ingredientes activos, um dos quais é a azadiractina. A planta do neem e os produtos dela derivados demonstraram uma variedade de propriedades insecticidas numa vasta gama de espécies de insectos. Os produtos de neem demonstraram ser úteis no controlo da malária, actuando como antifeedante, ovicida, supressor da fertilidade, regulador do crescimento de insectos e repelente de insectos, entre outros. Com base neste facto, foi feita uma tentativa no presente estudo para avaliar o efeito de eliminação de mosquitos do extrato de casca de *Punica granatum.*

# Capítulo 2 VISÃO GERAL DA LITERATURA

Os mosquitos são vectores conhecidos de vários agentes patogénicos que afectam muitos milhões de pessoas em todo o mundo. *O Aedes aegypti é um vetor conhecido do* dengue, da febre amarela e da chikungunya; a malária é transmitida pelo *Anopheles stephensi* e a filária pelo *Culex quinquefasciatus*. Para prevenir as doenças transmitidas por mosquitos e melhorar a saúde pública, é necessário combatê-las. No entanto, nos últimos anos, os programas de controlo dos mosquitos falharam devido à crescente resistência aos insecticidas (Georghiou e Lagunes-tejeda 1991; OMS, 1992).

A dengue é atualmente endémica em todos os continentes, exceto na Europa, e a febre hemorrágica epidémica da dengue ocorre na Ásia, nas Américas e em algumas ilhas do Pacífico. Os vírus da dengue, agentes causadores da febre da dengue e da febre hemorrágica da dengue/síndrome de choque da dengue, mais grave, infectam mais de 100 milhões de pessoas todos os anos (Hahn *et. al.*, 2001). O vírus Chikungunya, um membro do género alphavirus, constitui uma grande preocupação de saúde pública nos países do Sudeste Asiático e de África (Pastorino *et. al.*, 2005) *C. quinquefasciatus*.

*Anopheles* é um género de mosquitos (Culicidae). Existem cerca de 460 espécies reconhecidas: Embora mais de 100 espécies possam transmitir a malária aos seres humanos, apenas 30-40 espécies transmitem os parasitas do género *Plasmodium,* que causam a malária que afecta os seres humanos em zonas endémicas. Os vectores conhecidos de espécies de Anopheles comuns na Índia incluem *An. stephensi, An. culicifacies, An. fluviattis, An. minimmus, An. sudanicus* e *An. philippinensis.* A malária é causada por *plasmódios*: *P. flaciparam, P. malaiae, P. ovale e P. vivax.* Foram contadas 420 espécies de mosquitos Anopheles em todo o mundo, 50 das quais são conhecidas por transmitirem a malária. Na Índia, existem 58 *espécies de Anopheles*, das quais 6 são vectores primários da malária (Nagpal e Sharma, 1995).

*O An. sundaicus é* uma espécie costeira e reproduz-se em água salobra. Atualmente, está limitado às ilhas Andaman e Nicobar, onde é o único vetor da malária. Nas ilhas A e N, a altitude varia entre o nível do mar e 150 metros e a temperatura média anual é de cerca de 25°C. Como a precipitação muito elevada não é adequada para as fases imaturas do vetor, as zonas com mais de 1600 mm de precipitação foram classificadas como desfavoráveis. Os solos arenosos são característicos da região costeira, razão pela qual estes solos foram seleccionados para o estudo. A integração de temas favoráveis resultou em zonas favoráveis para o *An. sundaicus* (Shukla 1998).

*O A. subpictus* reproduz-se extensivamente em bacias de captação de águas pluviais e arrozais em pousio (Dhanda e Kaul, 1980), sistemas de eliminação de esgotos e zonas irrigadas (Mukhtar *et. al.*, 2003) e está também associado a vegetação aquática flutuante e submersa perto de plantações de arroz (Kant *et. al.*, 1996). A recolha nocturna de picadas humanas em Rajasthan, na Índia, revelou dois picos de alimentação de A. subpictus, um ao início da noite e outro imediatamente antes do amanhecer (Tyagi e Yadav, 2001).

Zaridah *et. al* (2001) relataram que o extrato aquoso de folhas secas de *A. paniculata* foi testado in vitro contra vermes adultos de *Brugia malayi. Cocculus hirsutus* é uma planta comum que cresce nas planícies da Índia em lugares áridos e é usada medicinalmente pelas tribos indianas para uma variedade de doenças incluindo prisão de ventre e problemas renais (Caius 1986; Usher 1984); o extrato aquoso das partes aéreas mostrou uma atividade diurética significativa e efeito laxante em ratos (Ganapaty *et. al.,* 2002).

O extrato etanólico de *E. paniculata* foi testado quanto à sua atividade larvicida contra o mosquito Aedes fluviatilis (Macedo *et. al.,* 1997); os extractos e as fracções parcialmente purificadas mostraram um forte efeito neutralizante contra o veneno de cascavéis (Samy *et. al,* 2008); o extrato aquoso de folhas de E. alba melhorou as respostas imunitárias não específicas e a resistência a doenças de *Oreochromis mossambicus* contra *Aeromonas hydrophila* (Christybapita *et. al.,* 2007); o extrato etanol/água (1:1) foi testado quanto ao seu efeito hepatoprotector a nível subcelular contra a hepatotoxicidade induzida por CCl4 (Saxena *et. al.,* 1993).

Os extractos de acetona, clorofórmio, acetato de etilo, hexano, metanol e éter de petróleo das folhas, flores e sementes de *Cassia auriculata, Leucas aspera, Rhinacanthus nasutus, Solanum torvum* e *Vitex negundo* (Kamaraj *et. al,* 2009); os extractos de *Citrus sinensis, Ocimum canum, Ocimum sanctum* e R. nasutus (Bagavan *et. al.,* 2009) foram testados contra larvas de Fourthinstar de *A. subpictus* e *C. tritaeniorhynchus.* A atividade larvicida dos extractos brutos de acetona, hexano, acetato de etilo, metanol e éter de petróleo das folhas de *Centella asiatica*, *Datura metal*, *Mukia scabrella*, *Toddalia asiatica*, extractos de plantas inteiras de *Citrullus colocynthis* e *Sphaeranthus indicus* (Rahuman *et. al*, 2008a); extractos das folhas e da casca de *Ficus racemosa* (Rahuman *et al.*, 2008b); extractos de *Abutilon indicum*, *Aegle marmelos*, *Euphorbia thymifolia*, *Jatropha gossypifolia e Solanum torvum* (Rahuman *et al.*, 2008c) foram testados quanto à sua toxicidade para as larvas de quarto ínstar de C. *quinquefasciatus*. Sharma *et al.* (2005) referiram que os extractos de etanol e acetona de *Nerium indicum* e *Thuja orientelis* foram avaliados contra larvas de terceiro instar de *A. stephensi e C. quinquefasciatus*. Os extractos de benzeno, clorofórmio, acetato de etilo e metanol das folhas de *Acalypha indica* (Govindarajan *et. al.*, 2008);

Os fitoquímicos são vantajosos porque são ecologicamente seguros, têm um efeito específico, não desenvolvem resistência, precisam de ser aplicados com menos frequência, sao mais bem aceites e são adequados para as zonas rurais. Os produtos botânicos podem ser utilizados como alternativa aos insecticidas sintéticos ou em conjunto com outros insecticidas, no âmbito de programas integrados de controlo de vectores. Os produtos à base de plantas contêm fitoquímicos que são utilizados como insecticidas para matar larvas ou mosquitos adultos ou como repelentes para proteger contra as picadas de mosquitos. Os fitoquímicos são obtidos a partir da planta inteira ou de uma parte específica da planta por extração com vários solventes, como a água, o metanol, o clorofórmio, o benzeno, a acetona, etc., dependendo da polaridade dos fitoquímicos. Alguns fitoquímicos actuam como toxinas (insecticidas) contra as fases adulta e larvar dos mosquitos, enquanto outros inibem o crescimento e a reprodução ou produzem um estímulo odorífero, actuando assim como repelentes ou atractivos (Markouk *et. al.,* 2000).

A atividade larvicida dos extractos brutos de acetona, hexano, acetato de etilo, metanol e éter de petróleo das folhas de *Centella asiatica, Datura metal, Mukia scabrella e Toddalia asiatica e* dos extractos de plantas inteiras de *Citrullus colocynthis* e *S. indicus* foi testada quanto à toxicidade para os primeiros instares da quarta larva de *Cx. quinquefasciatus.* A mortalidade das larvas foi observada após 24 horas de exposição. Todos os extractos mostraram efeitos larvicidas moderados (Abdul Rahuman *et. al.,* 2008). O extrato de hexano foi considerado o mais eficaz *de M. koenigii,* causando 100 por cento de mortalidade às larvas de *An. stephensi* a 750 ppm após 48 horas, seguido de *Cx. quinquefasciatus* a 1000 ppm após 48 horas. O extrato de hexano apresentou o valor LC50 mais baixo de 418,74 e 466,09 ppm contra An. *stephensi* e *Cx. quinquefasciatus,* respetivamente, mas foi o éter dietílico no caso de *Ae. aegypti* com um valor LC50 de 511,12 ppm (Arivoli e Samuel, 2011).

Um dos potenciais vectores de Wuchereria bancrofti, o agente causador da filariose linfática humana, que infecta mais de 120 milhões de pessoas em todo o mundo (Terranella *et. al.*, 2006). Folhas de *Artemisia annua* e *Azadirachta indica* (Tonk *et. al.,* 2006), *A. annua* (Sharma *et. al.,* 2006), o extrato bruto de acetona de Fagonia indica e Arachis hypogaea (Chaubal *et. al.,* 2005), os extractos de *Nerium indicum* e *Thuja orientelis* (Sharma *et. al.,* 2005), o extrato bruto de metanol de *Chamaecyparis obtusa* (Jang *et. al.*, 2005), o extrato das folhas do cedro branco indiano *Dysoxylum malabaricum* (Nathan *et. al.*, 2006), o látex e os extractos da casca do caule de Euphorbia tirucalli foram testados quanto à sua atividade larvicida (Yadav *et. al.*, 2002) contra *A. aegypti, A. stephensi e C. quinquefasciatus*. O potencial larvicida do extrato de éter de petróleo da raiz de *Solanum xanthocarpumi* (Mohan *et. al.*, 2007), os extractos metanólicos do extrato de folhas frescas de *Calotropis procera* (Singh *et. al.*, 2005), o extrato aquoso das raízes de *Hibiscus abelmoschus* (Dua *et al.*, 2006) e os extractos de éter de petróleo, tetracloreto de carbono e metanol de *Artemisia annua, Chenopodium album* e *Sonchus oleraceus* (Sharma *et. al.*, 2006) foram testados contra *A. tephensi*. *Apium graveolens* mostrou atividade larvicida e adulticida, mas uma atividade repelente notável, e quatro fracções de sementes de A. graveolens mostraram uma forte atividade repelente (Tuetun *et. al.*, 2005, 2004).

O extrato de metanol da raiz seca de *R. nasutus* foi testado contra as larvas de A. aegypti e *C. quinquefasciatus* (Rongsriyam *et. al*, 2006), o extrato de éter de petróleo mostrou atividade larvicida contra *A. aegypti, C. quinquefasciatus, Anopheles dirus* e *Mansonia uniformis* (Komalamisra *et. al., (Komalamisra et. al.*, 2005), e o extrato de metanol de R. nasutus mostrou atividade pesticida contra as larvas de S. litura (Kamaraj *et. al.*, 2008a). Pushpalatha e Muthukrishnan (2001) avaliaram que o extrato metanólico de sementes e folhas apresentava actividades larvicidas e reguladoras do crescimento significativas contra A. stephensi, mesmo em concentrações muito baixas.

Os fitoquímicos botânicos com potencial mosquitocida são agora reconhecidos como insecticidas alternativos eficazes que podem substituir os insecticidas sintéticos em programas de controlo de mosquitos devido às suas excelentes propriedades larvicidas, pupicidas e adulticidas. Embora a utilização de insecticidas seja altamente eficaz no controlo das espécies-alvo, está ameaçada pelo desenvolvimento de resistência aos insecticidas químicos, levando a um ressurgimento da capacidade de vectorização (Liu *et. al.,* 2006).

Os extractos de plantas contra larvas de mosquitos têm sido investigados em todo o mundo. Os extractos brutos de hexano das cabeças das flores de *Spilanthes acmella, Spilanthes calva* e *Spilanthes paniculata* (Pandey *et. al.*, 2007), o extrato de sementes de *Sterculia guttata* (Katade *et. al.,* 2006a, b); o extrato de acetato de etilo do mesocarpo do fruto de *Balanites aegyptiaca* (Wiesman e Chapagain 2006).

Muitos extractos de plantas foram testados quanto à sua eficácia contra várias espécies de mosquitos. Os extractos de plantas actuam como tóxicos gerais, tais como larvicidas, atractivos de oviposição, dissuasores, reguladores do crescimento de insectos, repelentes e adulticidas (Venkatachalam e Jebanesan, 2001; Murthy e Rani, 2009).

A planta em bruto ou parcialmente purificada ou os extractos de plantas são menos dispendiosos e altamente eficazes para o controlo de mosquitos que contribuem para muitas doenças graves transmitidas por vectores do que os compostos ou extractos purificados da planta (Alouani *et. al,* 2009; Khalafalla *et. al,* 2007; Bagavan e Rahuman, 2011). Vários produtos de nim foram testados contra diferentes espécies de mosquitos em muitas partes do mundo quanto ao seu efeito repelente, atividade larvicida, atividade reguladora do crescimento e alterações na aptidão biológica (Lucantoni *et. al.,* 2006). *Foi* claramente demonstrado que os extractos de plantas brutos ou parcialmente purificados são mais rentáveis e altamente eficazes para o controlo de mosquitos do que os compostos ou extractos purificados (Jang *et. al.,* 2002; Cavalcanti *et. al.,* 2004). Quando as larvas de *A. stephensi* foram expostas a doses subletais de extrato de folhas de nim no laboratório, o desenvolvimento larvar foi prolongado e o peso das pupas e a oviposição foram reduzidos (Murugan *et. al.,* 1996; Su e Mulla, 1998). A utilização intensiva de pesticidas provoca efeitos secundários em muitos organismos benéficos e tem efeitos agudos e crónicos no ambiente (Abudulai *et. al.,* 2001).

Um larvicida botânico que tem recebido muita atenção recentemente é extraído da *Azadirachta indica* A. Juss (Meliaceae) (a árvore neem). Os extractos de várias partes desta árvore demonstraram ser eficazes na eliminação de larvas de mosquitos tanto em laboratório (Okumu *et. al.,* 2007; Howard *et. al.,* 2009) como no terreno (Awad e Shimaila, 2003; Gianotti *et. al.,* 2008).

A planta do neem (*Azadirachta indica*) e os produtos dela derivados demonstraram uma variedade de propriedades insecticidas numa vasta gama de espécies de insectos (Isman, 2006. Schmutterer 2002). Foi demonstrado que os produtos de neem apresentam uma

variedade de efeitos potencialmente úteis para o controlo da malária, como a inibição da alimentação (Hablützel, 2006), a atividade ovicida, a supressão da fertilidade (Su e Mulla, 1998), a regulação do crescimento dos insectos (Su e Mulla, 1993, Su e Mulla, 2000) e a atividade repelente (Singh *et. al.*, 1996, Sharma *et. al.*, 1993).
Estes efeitos são frequentemente atribuídos ao teor de azadiractina dos produtos. *A A. indica*, que contém azadiractina como inseticida predominante nas sementes, folhas e outras partes (Mulla e Su, 1999), foi reconhecida como muito importante e foi elaborada uma excelente revisão da atividade da *A. indica* com potencial comprovado de controlo de mosquitos (Mittal e Subbarao, 2003). No entanto, não existe documentação científica sobre o potencial larvicida do óleo e do extrato de sementes de *A.* indica de Calcutá, na Índia, contra mosquitos, incluindo o *C. quinquefasciatus*. Neste estudo, o extrato e o óleo de sementes de *A. indica* foram avaliados como um agente potencial para o controlo de larvas de *C.* quinquefasciatus.

Os produtos derivados de extractos de plantas são considerados como uma alternativa potencial para controlar vários estádios e espécies de mosquitos devido às suas excelentes propriedades, como a segurança ambiental e a presença de ingredientes bioactivos que podem atuar como ovicidas, larvicidas, reguladores de crescimento, repelentes, inibidores de oviposição e redutores de fertilidade e fecundidade (Pavela *et al.*, 2009).

# Capítulo 3 Âmbito do inquérito contraditório

O capítulo introdutório e a revisão da literatura mostram que existe muita informação disponível sobre o efeito do extrato de casca de *Punica granatum nas* actividades biológicas dos mosquitos. A eficácia do extrato de casca de Punica *granatum* nos mosquitos requer uma investigação aprofundada. Por conseguinte, o presente estudo foi realizado para investigar o efeito do extrato de casca de Punica *granatum na* mortalidade de larvas e pupas de *Aedes aegypti.*

Os aspectos abordados neste estudo são

1. Investigação do efeito larvicida e pupicida do extrato da casca de *Punica granatum* contra *Aedes aegypti*
2. Investigação do efeito repelente do extrato de casca de *Punica granatum* contra *Aedes aegypti.*
3. Identificação do componente fitoquímico responsável pelo efeito de eliminação de mosquitos do extrato de folhas de *Punica granatum em* acetato de etilo Cromatografia gasosa-espetrometria de massa

## PLACA-1

**Preparação do extrato de casca *(Punica granatum)***

**Casca de *Punica granatum***
**Frutos de *Punica granatumCasca*** **secaCasca**
**fresca**

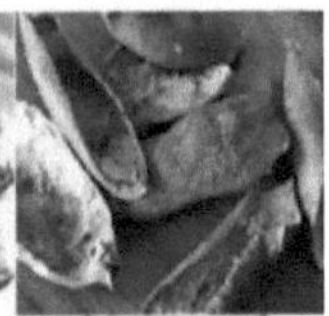

**Formas de extrato em pó e em bruto de *Punica granatum***

## PLACA-2
## CICLO DE VIDA DO *AEDES AEGYPTI*

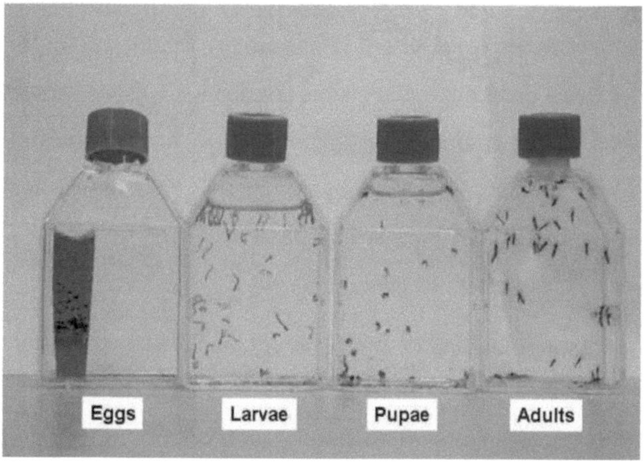


*AEDES AEGYPTI* ADULTO

**Recolha de material vegetal**

As cascas de romã (*Punica granatum*) foram recolhidas em bancas de fruta em Komarapalayam e arredores. Os espécimes foram recolhidos no Departamento de Zoologia, J. K. K. Nataraja College of Arts and Science, Komarapalayam-638183. Nataraja College of Arts and Science, Komarapalayam-638183.

**Produção de extractos de cascas**

As cascas de *Punica granatum* foram lavadas com água da torneira e secas à sombra, à temperatura ambiente. As cascas secas foram pulverizadas com um misturador elétrico. Do pó, 500 g de pó de casca foram extraídos com 1,51 solventes orgânicos acetato de etilo durante um período de 8 horas. Os extractos brutos das cascas foram concentrados a temperatura reduzida num evaporador rotativo e armazenados a uma temperatura (**PLACA - 1**).

**Preparação da concentração necessária de extrato de planta**

Um grama de resíduo da casca de *Punica* granatum foi dissolvido em 100 ml de acetona (solução-mãe) e considerado como uma solução-mãe a 1%. Foram preparadas concentrações entre 25 e 200 ppm desta solução-mãe.

**Criação de mosquitos *Aedes aegypti*:**

Os ovos de *Aedes aegypti* foram recolhidos e mantidos em recipientes esterilizados com água da torneira sem cloro, em condições laboratoriais. As larvas recém-eclodidas foram recolhidas e mantidas em recipientes separados com água da torneira sem cloro;

biscoitos de cão com levedura (proporção 2:1) foram dados como fonte de alimento. A água foi mudada alternadamente todos os dias. O meio de cultura foi verificado regularmente e as larvas mortas foram removidas diariamente. Os recipientes de cultura foram mantidos fechados com uma rede mosquiteira para evitar a entrada de mosquitos estranhos.

As pupas foram isoladas dos tubos de cultura e deixadas a desenvolver-se em adultos nas gaiolas para mosquitos (32cm*32cm*30cm). Os animais recém-eclodidos foram mantidos a 27±2°C, 75-85% de humidade relativa e menos de 14L: ciclos de fotoperíodo de 10D. Os machos adultos foram alimentados com uma solução de sacarose a 10% numa mecha de algodão e os mosquitos fêmeas foram alimentados com o sangue de pintos (pintos com uma semana de idade). Foram mantidos diferentes lotes de adultos na gaiola, inserindo um número suficiente de pupas. Foi mantida uma armadilha de oviposição na gaiola para facilitar a oviposição das fêmeas. Os ovos de *A. aegypti* no recipiente foram cuidadosamente retirados e deixados a eclodir. As larvas eclodidas foram mantidas no laboratório durante várias gerações e os ovos e larvas obtidos a partir desta cultura foram utilizados na experiência **(QUADRO 2)**.

**Bioensaio larvicida e pupicida**

Foi utilizada uma colónia laboratorial de larvas e pupas de *Aedes* aegypti para a atividade larvicida e pupicida. $^{stndrdth}$Cem larvas e pupas dos estádios 1, 2, 3 e 4 foram mantidas num copo de vidro de 500 ml contendo 250 ml de água sem cloro, à qual foram adicionadas as concentrações desejadas do extrato metanólico da casca de *Punica granatum*. Foi dado alimento larvar às larvas testadas. Para cada concentração testada, foram efectuados 2 a 5 ensaios, sendo cada ensaio constituído por três

$$= \frac{\text{Observed mortality in treatment} - \text{Observed mortality in control}}{100 - \text{Control mortality}} \text{ X } 100$$

$$\text{Percentage mortality} = \frac{\text{Number of dead larvae/pupae}}{\text{Number of larvae/pupae treated}} \text{ X } 100$$

Os valores de $LC_{50}$, $LC_{90}$ e os seus limites de confiança a 95% do limite superior de confiança (UCL) e do limite inferior de confiança (LCL), bem como os valores de Qui-quadrado, foram calculados utilizando a análise probit (Finney 1971).

**Análise fitoquímica por GC-MS (cromatografia gasosa-cromatografia de massa)**

O extrato seco da planta foi dissolvido em acetato de etilo e analisado utilizando o dispositivo GC-MS SHIMADZU QP2010 e o software GCMS solution versão 2.53SU3. A amostra foi analisada com uma coluna Elute DB-5M. A temperatura do forno foi inicialmente mantida a 70 °C durante 2,0 minutos e depois aumentada gradualmente para 300 °C. Aos 10,0/35,0 minutos, foram injectados 4,0 litros de amostra para análise. Utilizou-se gás hélio com uma pureza de 99,995% como gás de arrastamento e eluente, com o caudal de gás hélio regulado para 1,5Ml/min, a temperatura do injetor de amostras regulada para 260°C e a razão de divisão regulada para 20 durante toda a experiência. A análise de ionização por espetroscopia de massa foi efectuada a 70Ev. O espetro de massa foi analisado na gama de 40-1000m/z durante 35 minutos. Os componentes foram identificados por comparação dos seus espectros de massa. Quando os compostos se separaram, eluíram da coluna e entraram num detetor capaz de gerar um sinal eletrónico. À medida que os compostos individuais eluíam da coluna de cromatografia gasosa, entravam no detetor de ionização de electrões, onde eram bombardeados com um fluxo de electrões que os decompunha em fragmentos. Os fragmentos eram iões de carga ativa com uma massa aguda. A razão m/z obtida foi calibrada utilizando o diagrama obtido, chamado diagrama do espetro de massa, que representa a impressão digital da molécula. A identificação dos compostos foi baseada na comparação dos seus espectros de massa com (NIST Library 2008 WILWYS8,FAME).

## Análise estatística

Os dados do bioensaio foram analisados estatisticamente. O pacote de software SPSS (versão 16) calculou todos os dados, incluindo os limites confidenciais, os valores do qui-quadrado e a média da amostra.

# Capítulo 5 RESULTADOS

A atividade larvicida e pupicida do extrato da casca de *Punica granatum* em diferentes concentrações contra o vetor da dengue *Aedes aegypti* é apresentada no Quadro 1 e na Figura 1. Após o tratamento com Punica granatum, *foi observada* uma mortalidade considerável em todas as fases larvares e pupas. A mortalidade aumentou com a concentração. Por exemplo, a mortalidade na primeira fase larvar foi de 48% a uma concentração de 25 ppm; no entanto, a mortalidade aumentou para 95% quando a concentração foi aumentada para 200 ppm. A mortalidade na fase de pupa foi de 23% a uma concentração de 25 ppm, mas aumentou para 59% a uma concentração de 200 ppm. Os valores LC50 e LC90 foram registados da seguinte forma: Valores LC50 de I. instar, II. instar, III. Instar e IV. Instar foram 32,974 ppm, 40,827 ppm, 56,764 ppm e 74,958 ppm, respetivamente; os valores LC90 do I. Instar, II. Instar, III. Instar e IV.

344,945ppm. Os valores LC50 e LC90 para pupas foram 140,430ppm e 392,285ppm, respetivamente. Os valores do qui-quadrado foram significativos ao nível de $p<0,05$.

## Análise fitoquímica (GC-MS) de *Punica granatum*

Os resultados da análise dos constituintes fitoquímicos no extrato de casca de Punica *granatum* são *apresentados* abaixo. O extrato da casca de Punica *granatum* continha ácido butanóico, 2-metil-, éster metílico, 2,3-di-hidroxi, 3,5-di-hidroxi, ácido 5-hidroxipecólico, sal etoxitrietílico do ácido 5-hidroxipecólico, pentadecano, limoneno, ácido n-tetradecanóico, ácido hexadecanóico, éster metílico, ácido palmítico, ácido esteárico, hexacosano, ácido ricinoleico, 1-eicosanol, ácido 1,2-benzenodicarboxílico, butilo, ácido propiónico, 2-isopropo, hexadeca- 2,6,10,14-tetraeno (quadro 2 e figuras 2 e 3).

# Capítulo 6 DISCUSSÃO

Foram realizados numerosos estudos em todo o mundo sobre extractos de plantas e os seus ingredientes activos contra larvas de mosquitos (Amer e Mehlhorn, (2006), Pavela *et. al,* (2009), Rahuman *et. al,* (2009), Kamaraj *et. al,* (2010), Sreelatha *et. al,* (2010), Elango *et. al,* (2011), Kannathasan *et. al,* (2011), Khandagle, *et. al,* (2011), Pitarokili, *et. al,* (2011), Talontsi *et. al,* (2011), Maheswaran e Ignacimuthu (2012)).

Duas bactérias insecticidas, *Bascillus thuringienesis* ssp. *Israelensis* e *Bascillus sphaericus* (Wirth *et. al.*, 2010), são utilizadas em muitos países como larvicidas para controlar as larvas de mosquitos incómodos e vectores.

No entanto, recentemente, também foi registado o desenvolvimento de resistência nos mosquitos a alguns agentes microbianos (Mir *et. al.,* 2011). O espinosade, uma mistura de duas neurotoxinas macrólidas tetracíclicas, é um agente de controlo de mosquitos derivado de *Saccharopolyspora spinosa* (Thompson *et al.,* 2000) que visa os receptores nicotínicos de acetilcolina do sistema nervoso dos insectos, resultando em paralisia e morte. Estudos recentes identificaram o espinosade como um agente potencialmente valioso para controlar várias espécies importantes de mosquitos, incluindo o *Aedes aegypti* L., o mosquito que transmite a dengue e a febre amarela. O tratamento de recipientes de água em habitats urbanos com spinosad impediu o desenvolvimento de larvas de *A.* aegypti durante um período de várias semanas (Bond *et. al.,* 2004).

Os fungos entomopatogénicos têm potencial para serem

utilizados como agentes alternativos de controlo biológico contra os mosquitos e para actuarem como insecticidas químicos de ação rápida atualmente desenvolvidos (Ffrench-Constant, 2005). Os fungos patogénicos para os mosquitos que visam as fases larvares incluem os *Chytridiomycetes coelomomyces* (Shoulkamy e Lucarotti, 1998). O controlo dos mosquitos é de extrema importância hoje em dia, dada a incidência crescente de doenças transmitidas por mosquitos (Xu *et. al.,* 2014). A agricultura industrializada e a desflorestação são duas das principais causas da proliferação de espécies de mosquitos. Os repelentes de mosquitos são necessários para controlar os mosquitos (Mandal 2011).

Um dos métodos mais antigos de repelir os mosquitos é esfregar o corpo com mana, vinagre e óleos vegetais. No passado, as pessoas também queimavam louro, cominho preto, orégãos e gálbano para repelir os mosquitos. A queima de plantas ou materiais vegetais produz fumo e é o método mais antigo de controlo dos mosquitos (Uniyal *et. al.*, 2015). Muitos estudos de investigação mostraram que os compostos de óleos essenciais e os seus derivados são medidas alternativas para o controlo dos mosquitos (Koech e Mwangi 2014).

Foram recolhidos oito óleos essenciais de plantas cítricas, tais como *Citrus aurantium*, Citrus *hystrix*, *Citrus medica*, *Citrus aurantifolia*, *Citrus reticulate* Blanco, *Citrus sinensis* e *Citrofortunella microcarpa, que foram* utilizados e comparados contra *Culex quinquefasciatus* (Say) e *Aedes aegypti* (Linn.)

com um repelente químico (IR3535 12,5 w/w) (Onyett

O efeito repelente dos oito óleos essenciais contra duas espécies de mosquitos foi demonstrado na direção do tempo de proteção e da taxa de picada: *C. aurantifolia* > *C. microcarpa* > *C. maxima* > *C. reticulate* > *C. sinensis* > C. *hystrix* > *C. aurantium* > *C.* medicavar. *sarcodactylis*. O tempo de proteção contra duas espécies de mosquitos foi mais elevado para todos os óleos essenciais à base de plantas do que para o IR3535 (3,0±0 minutos para *Ae. Aegypti* e *Cx. quinquefasciatus*) (Soonwera, 2015).

A rejeição é geralmente baseada em processos bioquímicos ou fisiológicos (Ramar *et. al.,* 2014). A repelência induzida pelo DEET baseia-se no bloqueio de receptores como o recetor do ácido lático (Ditzen 2008). Um método de controlo dos mosquitos é a nebulização, que é um método temporário de controlo de pragas, mas é especialmente essencial quando existe um risco para a saúde devido aos fortes habitantes dos mosquitos e quando se deslocam para o exterior onde estas pragas são indesejáveis (Ramar *et al.*, 2014). A nebulização térmica é a mais utilizada, sendo que cada galão contém 5,0% de butóxido de piperonilo e 0,5% de piretrinas (Patel *et. al.,* 2012). Outra tecnologia é a tecnologia transdérmica, em que os repelentes de mosquitos são injectados na corrente sanguínea para proteger contra as picadas de mosquitos (Kongkaew *et. al.,* 2011). Este tipo de repelente de mosquitos contém tiamina ou vitamina B1 e é considerado o repelente mais eficaz conhecido até à data. As fêmeas dos mosquitos reagem de forma repulsiva ao odor da tiamina, o que constitui um importante mecanismo de controlo dos mosquitos (Uniyal *et. al.,* 2015). Qualquer coisa que seja aplicada à roupa, à pele ou a outras superfícies que impeça o mosquito de atrair e picar essa superfície é designada por repelente de mosquitos (Iturbe.Ormaetxe *et. al.,* 2011). Alguns repelentes de mosquitos baseados em ultra-sons com sons de alta frequência também estão disponíveis no mercado (Sukumar *et. al.*, 1999).

O óleo essencial de *Zingiber officinale* e *Cinnamomum zeylanicum* tem um efeito ovicida e de dissuasão da oviposição em *Cx. quinquefasciatus*, *Aedes aegypti* e *An. Stephensi tem um efeito ovicida* e de dissuasão da oviposição (Katritzky *et. al.,* 2010). O extrato de folhas de *Cassia fistula é utilizado* contra o *Ae. aegypti*, produzindo actividades ovicidas, repelentes e larvicidas. O óleo extraído de *Coriandrum sativum* (Apiaceae) tem um efeito repelente contra as espécies de mosquitos invasores (Tawatsin *et. al.*, 2006; Ansari *et. al, Curcuma aromática* (Zingiberaceae), *Azadirachita indica* (Meliaceae) e *Zanthoxylum alatum* (Rutaceae) também mostram um efeito repelente contra mosquitos, especialmente contra *Cx. quinquefasciatus*, o vetor da filária (Pal *et. al.*, 2011; Ghosh *et. al.,* 2012). O óleo de Catnip mostra mais proteção contra *Cx. quinquefasciatus, Cx. annulirostris* e *Ae. vigilax* (Pattanayak e Dhal 2000; Polsomboon *et. al.*, 2008).

A Organização Mundial de Saúde aprova os mosquiteiros com medicamentos, e estes mosquiteiros são mais eficazes do que os liquidificadores ou as bobinas (Atieli *et. al.,* 2010). As armadilhas para mosquitos são utilizadas para capturar e atrair as fêmeas dos mosquitos. Estas armadilhas copiam os vários atractivos dos mosquitos, como o calor do corpo e o dióxido de carbono exalado. A maioria das armadilhas é alimentada por propano ou eletricidade, o que as torna seguras para utilização (Phasomkusolsi e Soonwera, 2011). As armadilhas contêm um ventilador que atrai os mosquitos de modo a que estes se fixem na superfície pegajosa da armadilha e sejam electrocutados (Sumithra *et al.*, 2014).

*O Bacillus sphaericus (Bs)* e *o Bacillus thuringiensis (Bt)* podem ser utilizados para controlar os vectores da malária, uma vez que são ambientalmente seguros, altamente eficazes, selectivos e naturalmente não tóxicos (Syed e Leal, 2008). *As estirpes de Bacillus* são fáceis de manusear, produzidas localmente, fáceis de utilizar, baratas e podem propagar-se rapidamente. Em comparação com *Aedes*, *Culex quinquesfasciatus* e *A. arabiensis,* o efeito de *Bs* e *Bt* em *A. gambiae* é mais forte (Katritzky *et. al.*, 2010).

A casca e a película do fruto são utilizadas para a disenteria, a diarreia, as hemorróidas, a bronquite, para reduzir o risco de doenças cardiovasculares e como anti-helmíntico (Polunin e Stainton, 1985; Morton, 1987). O extrato metanólico da semente e da casca seca de *Punica granatum* tem efeitos antidiarreicos e cicatrizantes (Das *et. al.,* 1999; Murthy *et. al.,* 2004). Num estudo recente, verificou-se que o sumo de Punica granatum reduz a oxidação do colesterol em quase metade e diminui a retenção de quantidades desproporcionadas de colesterol de lipoproteínas de baixa densidade (LDL) (Singh *et. al.,* 2002). O extrato da casca de Punica granatum tem um efeito protetor no estômago devido ao seu efeito antioxidante. Foi encontrado um efeito quimiopreventivo dos extractos de frutos de *Punica* granatum no cancro da mama numa cultura de órgãos mamários de ratos (Mehta e Lansky, 2004). Outros estudos também investigaram o extrato de Punica *granatum* e descobriram que é eficaz como agente antibacteriano e anticandidal (Navarro *et. al.*, 1996; Rani e Khullar, 2004). O resultado é um símbolo da fertilidade e da feminilidade divina, cujas cascas de fruto, casca e raízes são utilizadas em todo o mundo como taenicidas graças aos alcalóides e como remédio para a diarreia e as lesões orais e genitais graças aos taninos e à adstringência. Tanto o sumo como o óleo contêm numerosos e diversos bioflavonóides, que demonstraram ter fortes efeitos antioxidantes e inibidores de uma ou de ambas as enzimas ciclo-oxigenase (catalisa o ácido araquidónico em prostaglandinas) e lipoxigenase (catalisa o ácido araquidónico em leucotrienos). Os extractos das cascas demonstraram ter propriedades bactericidas, antivirais e antitumorais. Uma monografia médica de 1998 recomenda a utilização de romãs no tratamento da síndrome da imunodeficiência adquirida (SIDA) devido às suas propriedades antioxidantes e às suas propriedades herbais únicas. A possível toxicidade das romãs também é tida em conta.

Globalmente, este estudo sugere que o extrato da casca de *Punica granatum* e os seus constituintes podem aumentar a atividade larvicida e pupicida, constituindo assim uma alternativa eficaz aos insecticidas sintéticos convencionais para o controlo de três mosquitos vectores.

# Capítulo 7 RESUMO

Os mosquitos são o grupo de insectos mais importante em termos de saúde pública. A febre da dengue é transmitida pela fêmea do mosquito Aedes. *O Aedes aegypti é* o vetor urbano mais importante da febre da dengue no subcontinente indo-paquistanês e no Médio Oriente. O aparecimento de insectos resistentes aos insecticidas mostrou que a adoção de abordagens adicionais para controlar a proliferação das populações de mosquitos constituiria uma prioridade de investigação urgente. Não só o insucesso dos insecticidas químicos no controlo dos insectos, mas também o crescente interesse do público por alimentos seguros e um ambiente saudável, levaram à procura de métodos de controlo mais respeitadores do ambiente para estes vectores. Os biopesticidas são uma alternativa aos pesticidas sintéticos, uma vez que têm geralmente um baixo impacto ambiental, baixa toxicidade para os seres humanos e outros benefícios (Liu *et al.,* 2000).

**Com a ajuda do estudo acima referido, os resultados do presente estudo podem ser resumidos da seguinte forma:**

1. As cascas de *Punica granatum* foram recolhidas, lavadas com água da torneira e secas à sombra, à temperatura ambiente. As cascas secas foram pulverizadas com um misturador elétrico. A partir do pó, 500 g do pó da casca foram extraídos com 1,51 solventes orgânicos acetato de etilo durante um período de 8 horas.

2. A atividade larvicida e pupicida do extrato da casca de *Punica*

*granatum* foi avaliada contra o *Aedes aegypti.* O LC50, LC90, o limite de confiança de 95% do limite de confiança inferior (LCL) e do limite de confiança superior (UCL) e os valores de qui-quadrado foram calculados utilizando a análise probit.

3. O extrato de casca de *Punica granatum* testado mostrou uma atividade larvicida e pupicida máxima a 25 ppm e uma mortalidade elevada a 200 ppm. Os valores LC50 foram 32,974 ppm, 40,827 ppm, 56,764 ppm, 74,958 ppm e 140,430 ppm, respetivamente. Os resultados do estudo sugerem que a mortalidade foi dependente da dose.

4. Foram analisados os constituintes fitoquímicos do extrato de casca de *Punica granatum.* Os resultados da análise fitoquímica dos extractos de casca em diferentes solventes mostraram uma variação notável na presença dos compostos fitoquímicos acima analisados nos taxa investigados.

# REFERÊNCIAS

Abbott WS (1925) A method for computing the effectiveness of an insecticide.*J. Econ. Entomol*, 18:265-267.

Abdul Rahuman A, Gopalakrishnan G, Venkatesan P, Geetha K (2008) Atividade larvicida de alguns extractos de plantas de *Euphorbiaceae* contra *Aedes aegypti* e *Culex quinquefasciatus* (Diptera: Culicidae). *Parasitol Res* ,102; 867-873.

Abudulai M, ShepardBM , MitchellPL,(2001) Parasitismo e predação em ovos de *Leptoglossus phyllopus* (L.) (Hemiptera: Coreidae) em feijão-frade: efeitos da pulverização com endosulfan. *J. Agric. Urban Entomol,* 18, 105-115.

Alouani A, Rehimi N, Soltani N (2009) Atividade Larvicida de um Extrato de Árvore de Neem (*Azadiractina*) Contra Larvas de Mosquito na República da Argélia. Jord. *J. Biol. Sci.* 2(1):15-22.

Amer A. e Mehlhorn H. (2006). Efeitos larvicidas de diferentes óleos essenciais contra larvas de Aedes, *Anopheles* e Culex (Diptera, Culicidae). *Journal of Parasitology Research*, 99: 466-472.

Ansari MA, Mittal PK, Razdan RK, Sreehari U (2005) Larvicidal and mosquito repellent activities of Pine (*Pinus longifolia*, Family: Pinaceae) oil. *Jornal de doenças transmitidas por vectores;* 42(5):95.

Arivoli S e Samuel T (2011) Bioeficácia dos extractos de plantas inteiras de *Citrullus colocynthis* (L.) Schrad (Cucurbitaceae) contra *Anopheles stephensi, Aedes aegypti* e *Culex quinquefasciatus* (Diptera: Culicidae), *International Journal of Current Research,*3(4): 296 - 304.

Atieli FK, Munga SO, Ofulla AV, Vulule JM ( 2010) O efeito da lavagem repetida de redes mosquiteiras tratadas com inseticida de longa duração (LLINs) no sucesso alimentar e nas taxas de sobrevivência de *Anopheles gambiae. Malaria Journal;* 9(3):1-9.

Awad OM, Shimaila A (2003) Utilização operacional do óleo de neem como larvicida alternativo contra *a anopheline.* Parte A: Eficácia em laboratório e no terreno. *Eastern Mediterranean Health* J, 9: 637-645.

Bagavan A, Kamaraj C, Abdul Rahuman A, Elango G, Abduz Zahir A, Pandiyan G (2009) Avaliação de larvicidas e ninficidas. *Parasitol Res* ,104:1381-1388.

Bagavan A, Rahuman AA (2011) Avaliação da atividade larvicida de extractos de plantas medicinais contra três vectores de mosquitos. *Asn. Pac. J. Trop. Med,* 4(1):29-34.

Barrera R. (1996) Competição e resistência à fome em larvas de *mosquitos Aedes* que vivem em contentores. *Ecological Entomology*. 21: 117-127.

Bernhard L, Bernhard P, Magnussen P; (2003) Tratamento de pacientes com linfedema causado por filariose no nordeste da Tanzânia: abordagens alternativas. *Physiotherapy*; 89:743- 749.

Bond JG, Marina C e Williams T. (2004): O inseticida de origem natural spinosad é altamente tóxico para as larvas dos mosquitos Aedes e Anopheles. Med *Vet Entomol,*18:50-56 .

Brown AWA (1986) Insecticide resistance in mosquitoes - a pragmatic review. *J Am Mosq Control Assoc*; 2: 123-140.

Caius JF (1986) The medicinal and poisonous plants of India. *Scientific Publishers, Jodhpur, pp.* 166-171.

Cavalcanti ESB, Morais SM, Ashley ALM, William PSE (2004) Atividade larvicida de óleos essenciais de plantas brasileiras contra *Aedes aegypti* L. Memo' rias do Instituto Oswaldo Cruz 99, 541-544.

Chaubal R, Pawar PV, Hebbalkar GD, Tungikar VB, Puranik VG, Deshpande VH, Deshpande NR (2005) Larvicidal activity of Acacia nilotica extracts and isolation of D-pinitol-a bioactive carbohydrate. *Chem Biodivers,* 2(5):684-688.

Christy Bapita D, Divyagnaneswari M, Michael RD (2007) A administração oral de um extrato aquoso de folhas de *Eclipta* alba melhora as respostas imunitárias não específicas e a resistência a doenças em Oreochromis mossambicus. *Fish Shellfish Immuno,l* 23(4):840-852.

Collins LE, e Blackwell A. (2000) The biology of Toxorhynchites mosquitoes and their potential as bio control agents. *Bio control News Information*, 21: 105-115

Darsie RF, Vlach JJ, e Fussell EM. (2002) New addition to the mosquito fauna of United States, Anopheles grabhamii [Diptera: Culicidae].*J. Med Entomol*, 39: *430- 431.*

Das AK, Mandal SC, Banerjee SK, Sinha S, Das J, Saha BP. Pal M (1999): Estudos sobre a atividade antidiarreica do extrato de sementes de Punica granatum em ratos. *J Ethnopharmacol* 68:205-208.

Dashputre NL & Naikwade NS (2010). Atividade imunomoduladora de *Abutilon indicum* Linn em ratos albinos. Dhanda V, Kaul HN (1980) Mosquitos vectores do vírus da encefalite japonesa e sua bionomia na Índia. *Actas da Academia Nacional de Ciências da Índia,* 46B:759.

Ditzen M, Pellegrino M, Vosshall LB.(2008) Os receptores odoríferos de insectos são alvos moleculares do repelente de insectos DEET. *Science*; 319(43):1838-1842.

Dua VK, Pandey AC, Raghavendra K, Gupta A, Sharma T, Dash AP (2009) Larvicidal activity of neem oil (*Azadirachta indica*) formulation against mosquitoes. *Malar J*,8:124.

Elango G., Kamaraj C., Bagavan A., Zahir A.A., Rajkumar G. e Mariamuthu S. (2011). Atividade larvicida de extractos de plantas medicinais contra *Anopheles stephensi* e *Culex tritaeniorhynchus*. Francês-Constante *indiano* R.H. (2005): "Something old, something transgenic, or something fungal for mosquito control?". Trends *Ecol. Evol, 20: 577-579*

Finney, D.J. (1971) Probit Analysis. Lambridge University, Londres.68-78pp.

Ganapaty S, Dash GK, Subburaju T, Suresh P (2002) Estudos diuréticos, laxantes e de toxicidade das partes aéreas de Cocculus hirsutus. *Fitoterapia*, 73(1):28-31.

Georghiou GP, Lagunes-tejeda A (1991) The occurrence of resistance to pesticides in Arthropods. *FAO, Roma, p.* 318.

Ghosh A, Chowdhury N, Chandra G. (2011) Extractos de plantas como potenciais larvicidas de mosquitos. Indian J Med Res; 135(46):581-598.

Gianotti RL, Bomblies A, Dafalla M, Issa-Arzika I, Duchemin JB, Eltahir EAB (2008) Eficácia dos extractos locais de neem para o controlo sustentável do vetor da malária numa aldeia africana. *Malar*. J., 7: 138.

Govindarajan M, Jebanesan A, Pushpanathan T, Samidurai K (2008) Estudos sobre o efeito dos extractos de folhas de *Acalypha indica L*. (Euphorbiaceae) no vetor da malária, *Anopheles stephensi* Liston (Diptera:Culicidae). *Parasitol Res,* 103(3):691-695.

Gratz NG, e Pal R. (1988): Controlo do vetor da malária: larvicida. Em: Wernsdorfer WH, McGregor I, editores. Malaria: Principles and practice of malariology, Edimburgo, Reino Unido: Churchill Livingstone; pp. 1213-1226.

Hablützel A (2006) Efeitos do extrato de neem na absorção de sangue, oviposição e ultra-estrutura dos oócitos de *Anopheles stephensi* Liston (Diptera: Culicidae). *Tissue Cell*, 38:361-371.

Hag EL, E.A., Nadi, A.H. e Zaitoon, A.A. (1999). Efeitos tóxicos e inibidores de crescimento de três extractos de plantas em larvas de Culex pipiens (Diptera: Culicidae).*Phytotherapy Research,* 13:388-392.

Hahn CS, French OG, Foley P, Martin EN, Taylor RP (2001)

Anticorpos monoclonais biespecíficos medeiam a ligação do vírus da dengue aos eritrócitos num modelo de virémia passiva em macacos. *J Immunol,* 66(2):1057-1065.

Harper JP Paulson SL.(1994). Reproductive isolation between Florida strains of *Aedes aegypti* and *Aedes albopictus*. *Journal of the American mosquito control Association* 10:88-92.

Howard AFV, Adongo EA, Hassanali A, Omlin FX, Wanjoya A, Zhou G, Vulule J (2009) Avaliação laboratorial do extrato aquoso de aparas de madeira de *Azadirachta indica* (neem) em mosquitos *Anopheles gambiae* s.s. (Diptera: Culicidae). *J. Med. Entomol,* 46: 107-114.

http://www.who.int/mediacentre/factsheets/fs117/en/

Isman MB (2006) Botanical insecticides, detentions and repellents in modern agriculture and an increasingly regulated world. *Annu Rev Entomol* , 51:45-66.

Iturbe-Ormaetxe I, Walker T, LO'Neill S. (2011) Wolbachia e o controlo biológico de doenças transmitidas por mosquitos. EMBO reports; 12(13):508-518.

Jang YS, Jeon JH, Lee HS (2005) Atividade larvicida de um constituinte ativo derivado das folhas de Chamaecyparis obtusa contra 3 espécies de mosquitos. *J Am Mosq Control Assoc. 21* (4):400-403.

Jang YS, Kim MK, Ahn YJ, Lee HS (2002) Atividade larvicida de plantas brasileiras contra *Aedes. aegypti* e *Culex pipiens pallens* (Diptera: Culicidae). *Agric. Chem.* Biotechnol. 44, 23-26.

Kalita B, Bora S, Sharma AK (2013) Óleos essenciais de plantas como repelentes de mosquitos - uma revisão. *Revista* Internacional *de Investigação e Desenvolvimento em*

*Farmácia e Ciências da Vida.* 3(4):741-747.

Kamaraj C, Bagavan A, Rahuman AA, Zahir AA, Elango G, Pandiyan G (2009) Potencial larvicida de extractos de plantas medicinais contra *Anopheles subpictus Grassi* e *Culex tritaeniorhynchus Giles* (Diptera: Culicidae). *Parasitol Res (no prelo) doi:*10.1007/s00436- 008-1306-8.

Kamaraj C, Rahuman AA, Bagavan A (2008a) Efeitos antifeedantes e larvicidas de extractos de plantas contra Spodoptera litura (F.), *Aedes aegypti L.* e *Culex quinquefasciatus* Say. *Parasitol Res* 103(2):325-331.

Kamaraj C., Bagavan A., Elango G., Zahir A.A., Rajkumar G. e Mariamuthu S. (2010). Atividade larvicida de extractos de plantas medicinais contra *Anopheles stephensi* e *Culex tritaeniorhynchus. Indian J. Med. Res.* 134:101-106.

Kamareddine L (2012). Controlo biológico do vetor da malária. Toxinas; 4(3):748-767. Kannathasan K., Senthilkumar A. e Venkatesalu V. (2011). Atividade larvicida do mosquito do p-hidroxibenzoato de metilo isolado das folhas de *Vitex trifolia* Linn. *Ata Tropica.*120:1

Kant R, Pandey SD, Sharma SK (1996) Mosquito breeding in relation to aquatic vegetation and some physico-chemical parameters in rice fields of central Gujarat. *Indian J Malariol* 33:30-40.

Katade SR, Pawar PV, Tungikar VB, Tambe AS, Kalal KM, Wakharkar RD, Deshpande NR (2006a) Atividade larvicida do bis(2-etil-hexil) benzeno-1,2-dicarboxilato de sementes de Sterculia guttata contra duas espécies de mosquitos. Chem Biodivers 3 (1):49-53 986 *Parasitol Res* 102:981-988.

Katade SR, Pawar PV, Wakharkar RD, Deshpande NR (2006b) Sterculia guttata seeds extractives-an effective mosquito larvicide. *Indian J Exp Biol*, 44(8):662-665.

Katritzky AR, Wang Z, Slavov S, Dobchev DA, Hall CD, Tsikolia M (2010) Novel carboxamides as potential mosquito repellents. *Journal of medical entomology*; 47(7):924-938.

Khalafalla MM, Ibraheem E, Mohamed AM (2007). Regeneração *in vitro* de Rebentos Múltiplos a partir de Explantes Nodais de *Vernonia amygdalina-Uma* planta medicinal importante. *Afr. Crop Sci. Conf. Pro*, 8:747-752.

Khandagle A.J., Tare V.S., Raut K.D., e Morey R.A. (2011). Bioatividade dos óleos essenciais de *Zingiber officinalis* e *Achyranthes aspera* contra mosquitos, *Parasitol. Res.* 109: 339-343.

**Quadro 1: Atividade larvicida e pupicida do extrato de acetato de etilo da casca de *Punica granatum* contra *Aedes aegypti.***

| Instars and Pupae | % of Larval and Pupal mortality — Concentration (ppm) | | | | | $LC_{50}(LC_{90})$ | 95% Confidence limit $LC_{50}$ ($LC_{90}$) | | Chi-Square value ($\chi^2$) |
|---|---|---|---|---|---|---|---|---|---|
| | 25 | 50 | 100 | 150 | 200 | | LCL | UCL | |
| I Instar | 48±0.01 | 58±0.10 | 69±0.24 | 84±0.10 | 95±0.25 | 32.974 (176.387) | 9.862 (49.494) | 155.121 (208.423) | 1.430 |
| II Instar | 44±0.25 | 56±0.20 | 64±0.15 | 79±0.25 | 88±0.22 | 40.827 (217.021) | 13.872 (59.538) | 187.307 (265.657) | 0.865 |
| III Instar | 40±0.15 | 51±0.25 | 60±0.20 | 72±0.22 | 78±0.20 | 56.764 (279.656) | 26.081 (77.795) | 233.007 (366.528) | 0.830 |
| IV Instar | 37±0.10 | 48±0.15 | 57±0.22 | 64±0.20 | 71±0.10 | 74.958 (344.945) | 42.259 (98.623) | 276.009 (492.571) | 1.144 |
| Pupae | 23±0.11 | 34±0.05 | 48±0.25 | 52±0.22 | 59±0.20 | 140.430 (392.285) | 118.002 (171.971) | 316.186 (547.376) | 3.220 |

A mortalidade larvar é apresentada como média ± DP de cinco réplicas. Não foi observada mortalidade no controlo. Numa mesma coluna, as médias assinaladas pela mesma letra não diferem significativamente ao nível de 5 %, de acordo com o teste de Duncan de intervalos múltiplos. *LFL* - limite inferior de mortalidade; *UFL* - limite superior de mortalidade. % $^2$, valor do qui-quadrado. *Significativo ao nível de *P<0*,05.

**Fig. 1: Atividade larvicida e pupicida do extrato de acetato de etilo da casca de *Punica granatum* contra *Aedes aegypti.***

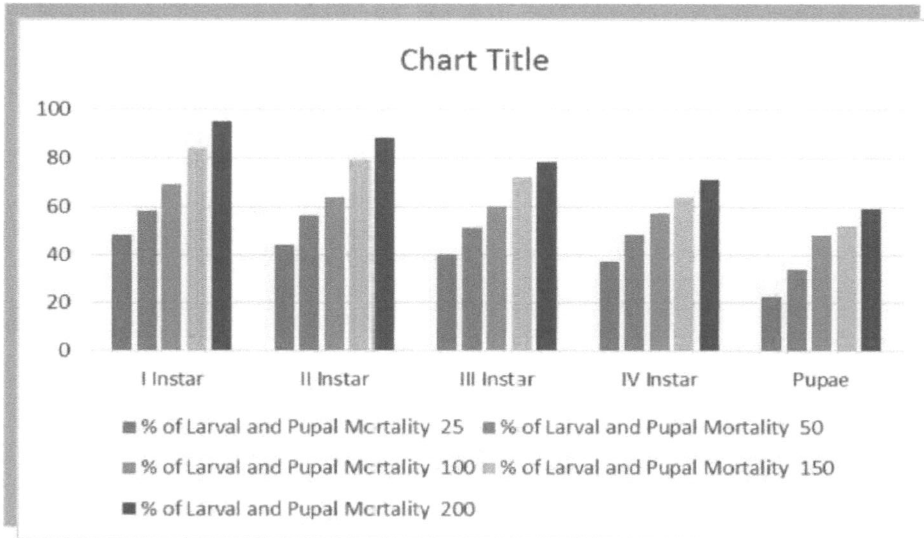

**Quadro 2: Análise fitoquímica preliminar do extrato da casca em acetato de etilo de *Punica granatum***

| RT | Name of the compound | Peak area (%) | Molecular Weight | Molecular formula |
|---|---|---|---|---|
| 3.58 | Butanoic acid, 2- methyl, methyl este | 0.37 | 116 | $C_6H_{12}O_2$ |
| 7.45 | 2,3- Dihydroxy 3,5- Dihyroxy | 0.43 | 144 | $C_6H_8O_4$ |
| 8.28 | 5- hydroxypipecolic acid | 0.52 | 145 | $C_6H_{11}NO_3$ |
| 9.75 | Ethoxytri ethyl saline | 0.95 | 160 | $C_8H_{20}OSi$ |
| 10.65 | Pentadecane | 0.23 | 212 | $C_{15}H_{32}$ |
| 11.19 | Limonene | 0.68 | 152 | $C_{10}H_{16}O$ |
| 12.72 | n- Tetradecanoic acid | 0.59 | 228 | $C_{14}H_{28}O_2$ |
| 13.86 | Hexadeconic acid, methyl esters | 1.22 | 270 | $C_{17}H_{34}O_2$ |
| 14.14 | Palmitic acid | 15.49 | 256 | $C_{17}H_{34}O_2$ |
| 15.38 | Stearic acid | 1.97 | 284 | $C_{18}H_{36}O_2$ |
| 18.87 | Hexacosane | 0.62 | 366 | $C_{26}H_{54}$ |
| 21.82 | Ricinoleic acid | 2.26 | 298 | $C_{18}H_{34}O_3$ |
| 23.56 | 1-Eicosanol | 0.21 | 295 | $C_{20}H_{48}O$ |
| 28.67 | 1,2- Benzene dicarboxylic acid, buty | 1.89 | 334 | $C_{20}H_{30}O_4$ |
| 32.60 | Propionic acid, 2- isopropo | 0.71 | 146 | $C_7H_{14}O_3$ |
| 48.52 | Hexadeca- 2,6,10,14- tetraen | 0.72 | 290 | $C_{20}H_{340}$ |

**Figura: 2 Estrutura dos componentes fitoquímicos do extrato da casca em acetato de etilo de *Punica granatum***

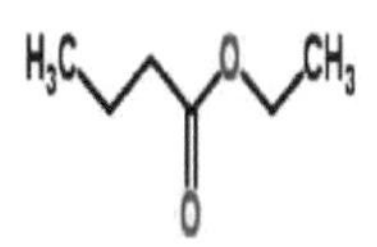

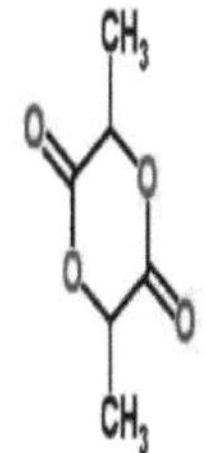

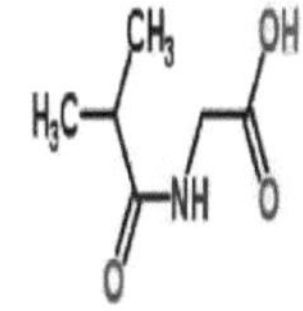

Butanoic acid, 2- methyl, methyl este 2,3- Dihydroxy 3,5- Dihyroxy 5-hydroxypipecolic acid

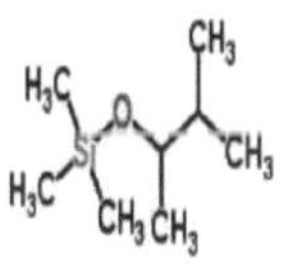

Ethoxytri ethyl saline

Pentadecane

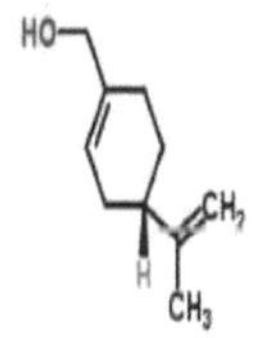

Limonene

n- Tetradecanoic acid

Palmitic acid

Stearic acid

**Fig.: 3 Análise GC-MS do extrato da casca de *Punica granatum***

| | |
|---|---|
| EQUIPMENT | : THERMO GC - TRACE ULTRA VER: 5.0, tHERMO MS DSQ II |
| COLUMN | : TR 5 - MS CAPILLARY STANDARD NON - POLAR COLUMN |
| DIMENSION | : 30 Mts, ID:0.25mm |
| FILM | :0.25µm |
| CARRIER GAS | : He, |
| FLOW | :1ML/Min |
| TEMP PROG | : 100 - 250 |
| RATE | : 8/Min |
| HOLDING TIME | : 10Min @ 250 |

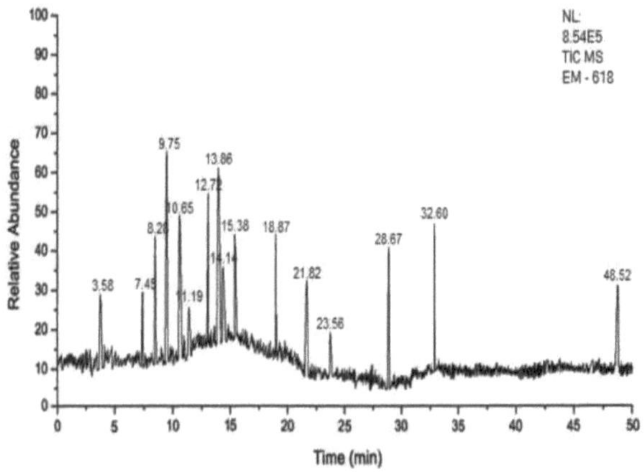

## Índice

MIX
Papier aus verantwortungsvollen Quellen
Paper from responsible sources
FSC® C105338

Printed by Books on Demand GmbH, Norderstedt / Germany